沒紙型也OK！手作包包&布雜貨

CONTENTS

＊直裁法必要的用具＊

直尺
用約50cm的方格尺便利製作。

裁線剪刀
處理車縫線等剪線時使用。

水溶性粉土筆
可用水擦拭掉的粉土筆。

錐子
車縫時用來壓布，或將縫好的作品翻回表面時，用來整理轉角。

裁布剪刀
裁剪布料時使用。

珠針和針插

花朵印花布的
簡款托特包

no.2

no.1

洋溢少女氣息的花朵印花布托特包。
添增市售的圖案吊飾和布標當作裝飾
重點。搭配優美的直條紋裡布。方便
提拿的小尺寸也顯得很可愛。

作法＊ 第3頁
作品製作＊千葉美枝子

第2頁1・2 花朵印花布的 簡款托特包

1 材料

表布（印花棉麻）80cm寬30cm
裡布（直條紋棉布）65cm寬30cm
兔子的吊飾1片

2 材料

表布（印花棉麻）80cm寬30cm
裡布（直條紋棉布）65cm寬30cm
布標1片

布的裁法

※在布的裡側畫線。留白是多餘的部分。
※圓圈中的數字是指縫份尺寸。

表布

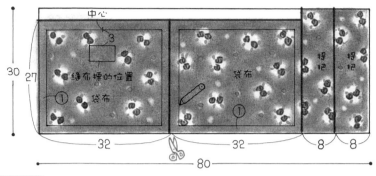

裡布

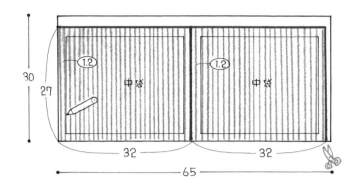

作法

1 把布標車縫在袋布上（僅2）。
然後2片相疊，縫合周圍。打開縫份。
側邊和底部中央對齊，車縫褶份。

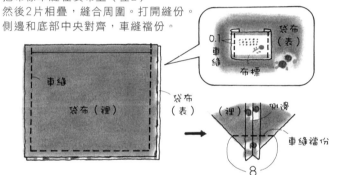

2 將中袋2片相疊，縫合周圍。
和袋布同法車縫褶份。翻回表側。

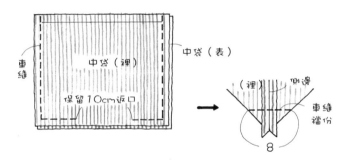

3 把提把摺四摺形成2cm寬後縫合。

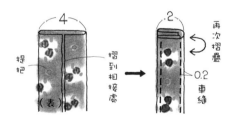

4 提把放入袋布中，做疏縫。

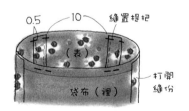

5 中袋放入袋布中，車縫入口。

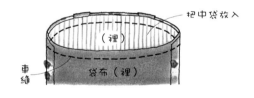

完成

6 從返口翻回表側，返口做藏針縫。

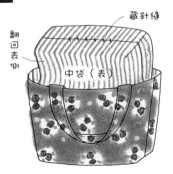

7 在入口做繡縫。

1

2

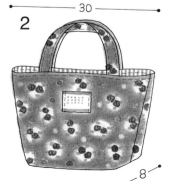

3

no.4

no.3

托特包的裡側是可愛的紫色小花圖案。

兩種尺寸的扁平托特包是選用高人氣的Black Watch蘇
格蘭格紋布縫製的。再加上手工繡縫剪影徽章和鈕扣
等的細部裝飾，設計細膩講究絲絲入扣。

作法＊第5頁
作品製作＊千葉美枝子
布料（方格花紋・110cm寬）

4

第4頁3・4　Black Watch
蘇格蘭格的扁平包

材料（2件份合計）

表布（方格棉布）90cm寬60cm
裡布（小花圖案棉布）105cm寬40cm
鳥的剪影徽章1片（僅3）
MOCO（淺粉紅）（僅3）
1.5cm寬的橢圓形鈕扣3個（僅4）

作法

1 把徽章貼在袋布上，周圍做繡縫（僅3）。
袋布2片相疊，縫合周圍。

※在布的裡側畫線。留白是多餘的部分。
※圓圈中的數字是指縫份尺寸。

表布　　布的裁法

20　20
① ①
24
4 袋布　4 袋布
4
提把
3　3
提把　提把
4
提把　36
3 袋布　　3 袋布
①　①
60
30
6　10　10　31　31
90

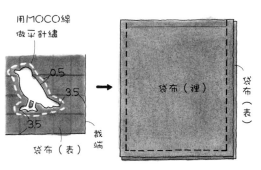

用MOCO線做平針繡
0.5
3.5
3.5
袋布（表）
裁端
袋布（裡）
袋布（裡）　袋布（表）

2 內口袋的入口摺三摺車縫。
內口袋放入中袋裡，縫住。
中袋是保留返口先縫合周圍再翻回表側。

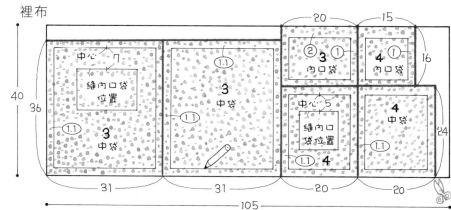

裡布
中心　7
20　15
① ②
16
4　3 內口袋　4 內口袋
①
中心 5
縫內口袋位置
縫內口袋位置
3 中袋　3 中袋
40
36
1.1　1.1
4 中袋
1.1　1.1
1.1　24
31　31　20　20
105

0.8 車縫
1
內口袋（表）

中袋（表）
摺入縫份
0.1 車縫
0.5
※在中袋底部保留10cm返口，其餘車縫

3 提把摺四摺。作品3成為2.5cm寬，
作品4成為1.5cm寬，縫合。
（上段是3，下段是4的尺寸）

5
3
2.5
1.5
提把
摺到相接處
再次摺疊
0.2 車縫
（表）

4 提把放入袋布中，做疏縫。

13
0.5　9　縫置提把
袋布（裡）

完成

5 中袋放入袋布中，車縫入口。

車縫
（裡）
把中袋放入
車縫
袋布（裡）

6 從返口翻回表側，返口做藏針縫。
入口做繡縫。接著，作品3用
MOCO繡縫線再次繡縫。
作品4是裝置鈕扣。

翻回表側
藏針縫
中袋（表）
0.7
0.5 車縫
袋布（表）
用MOCO線做平針繡

1
鈕扣
1
1

3

4

22
18

34
29

no.5

no.6

在美麗的Liberty print印花布上壓線，製造柔軟的蓬鬆感。小物包添加羅緞緞帶（grosgrain ribbons）做點綴，凸顯濃濃的女性氣息。

作法＊第8頁
布料（Liberty print「Aby」、110cm寬，Nuance Pallet Correction〈素色〉、110cm寬）
作品製作＊金丸かほり

托特包中可擺放成套的小物包…，裡布的淺綠色成了優雅的裝飾。

no.7

口袋口的蕾絲邊是裝飾焦點，優美色調的圓
點印花布讓托特包散發無比魅力。容量大能
裝許多物品，成為每天都愛攜帶的寶貝。

作法＊第10頁
布料（半亞麻布、Garden Print、108cm寬）
作品製作　金丸かほり

第6頁5・6
Liberty Print
印花布的壓線托特包（5）
小物包（6）

材料（2件份合計）
表布（印花棉布）90cm寬70cm
裡布（素色棉布）95cm寬70cm
雙面膠鋪棉95cm寬70cm
2.5cm寬的平帶220cm(5) 10cm(6)
飾邊用斜紋布條80cm（僅5）
1.2cm的羅緞緞帶（grosgrain ribbons）
　　　　　　　90cm（僅6）
25cm的拉鍊1條（僅6）

※使用市售的壓線布作業更簡單。

布的裁法

※圓圈中的數字是指縫份尺寸。
準備好下記的布後才裁剪。

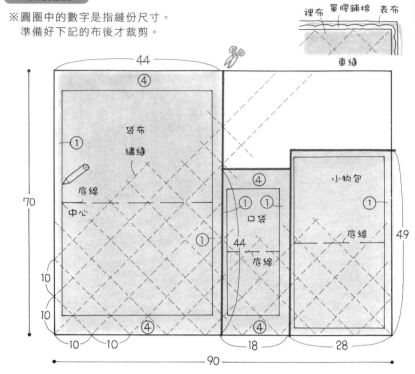

布的準備

1　表布和裡布之間夾入雙面膠鋪棉，
　用低溫的熨斗熨燙貼合。
　然後靜置到熱度變涼為止。

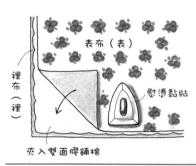

2　用刮刀或粉土筆在裡布側做記號，
　然後布全面做繡縫壓線。

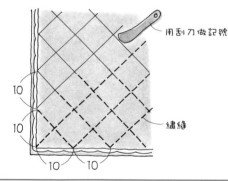

3　在裡布側做裁剪線、車縫線的記號。

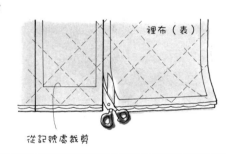

6　**作法**　※以下圖示省略繡縫壓線的記號。

1　把緞帶車縫在小物包上。
　摺疊入口的縫份，並在其中一側縫住拉鍊。

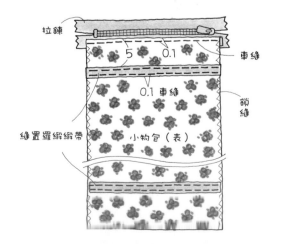

2　摺疊另一側縫份，
　以打開拉鍊的狀態車縫。

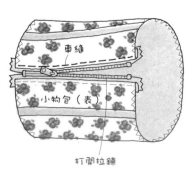

3　口袋對摺，邊夾住舌片（平帶）
　邊車縫側邊。

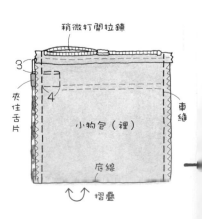

8

5 作法

1 口袋的入口摺三摺後，車縫。
另一側的口袋口也同樣做車縫。

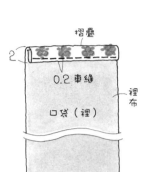

摺疊
2
0.2 車縫
口袋（裡）
裡布

2 袋布的入口摺三摺後，車縫。
擺放口袋，縫合底部和側邊。
底部再做2條繡縫。

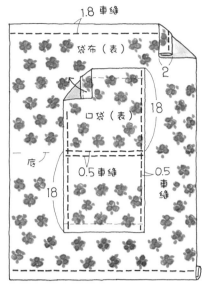

1.8 車縫
袋布（表）
2
18
口袋（表）
底
0.5 車縫
0.5 車縫
18

3 如圖般擺放平帶後，縫住。
平帶兩端要重疊。

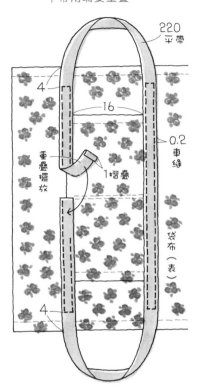

220 平帶
4
16
0.2 車縫
重疊擺放
1摺疊
袋布（表）
4

4 摺疊底線，車縫側邊。
用斜紋布條包住縫份車縫，並處理縫份。

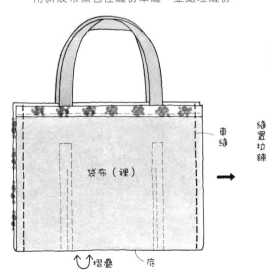

車縫
袋布（裡）
摺疊
底

5 將側邊和底部中央對齊，車縫襠份。

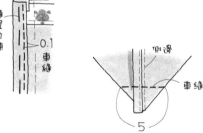

摺入
縫置拉鍊
0.1 車縫
側邊
車縫
5

6 翻回表側。

完成

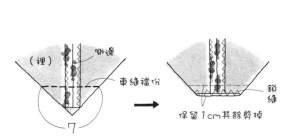

5
42
28.5
5

---

4 將小物包的側邊和底部中央對齊，車縫襠份。
多餘部分剪掉。用鎖縫處理縫份。

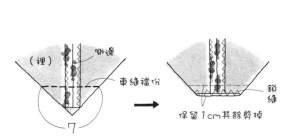

（裡）
側邊
車縫襠份
7
鎖縫
保留1cm其餘剪掉

5 如圖般摺疊緞帶，
再用另條緞帶捲住中心，
在裡側做藏針縫，便完成蝴蝶結。

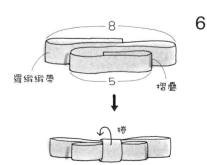

8
羅緞緞帶
5
摺疊
捲

6 翻回表側，用藏針縫縫置蝴蝶結。

6

完成

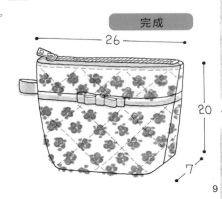

26
20
7

圓點印花布的
附口袋托特包

材料

表布（印花棉麻）90cm寬65cm
接著芯（薄）90cm寬65cm
1.5cm寬的蕾絲45cm

※使用厚布料時，不用貼接著芯即
可作業。

※在布的裡側畫線。留白是多餘的部分。
※圓圈中的數字是指縫份尺寸。

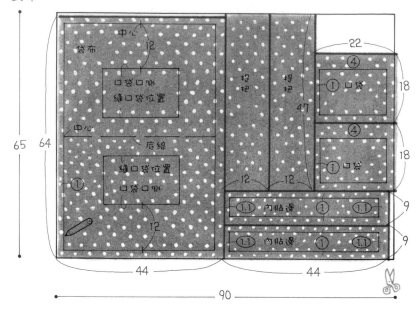

表布

中心
袋布
12
口袋口側
縫口袋位置
中心
底線
縫口袋位置
口袋口側
①
12
65
64
44
90

提把
提把
47
22
④
① 口袋
18
④
① 口袋
18
12
12
(1.1) 內貼邊
①
(1.1)
9
(1.1) 內貼邊
①
(1.1)
9
44

作法

1 依據口袋完成的大小黏貼接著芯。
口袋口摺三摺，車縫。縫住蕾絲。
摺疊側邊和底部的縫份。

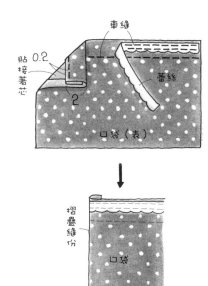

車縫
貼接著芯
0.2
蕾絲
2
口袋（表）

摺疊縫份
口袋

2 袋布全面黏貼接著芯，
在側邊縫份上做鎖縫。擺放口袋縫住。

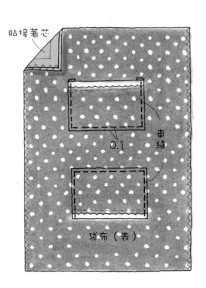

貼接著芯
0.1
車縫
袋布（表）

3 在底線處摺疊，並縫合側邊。
側邊和底部中央對齊，車縫襠份。

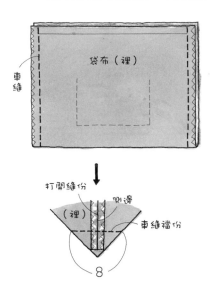

袋布（裡）
車縫

打開縫份
側邊
（裡）
車縫襠份
8

4 內貼邊黏貼接著芯。
縫合側邊，打開縫份，摺疊下方縫份。
翻回表側。

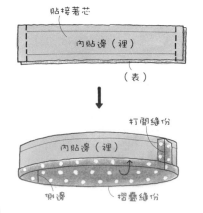

貼接著芯
內貼邊（裡）
（表）

打開縫份
內貼邊（裡）
側邊
摺疊縫份

5 提把摺四摺形成3cm寬後，車縫。

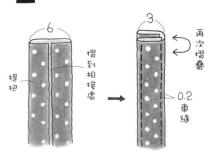

6
3
再次摺疊
提把
摺到相接處
0.2 車縫

6 把提把放入袋布中，做疏縫。

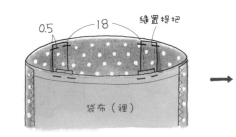

0.5
18
縫置提把
袋布（裡）

第12頁9
保特瓶套

作法

※材料在第14頁。
上膠鋪棉要用低
溫熨斗從表布側
熨燙黏貼。

1 在袋布上黏貼單膠鋪棉後，車縫側邊。
側邊和底線對齊，車縫襠份。翻回表側。

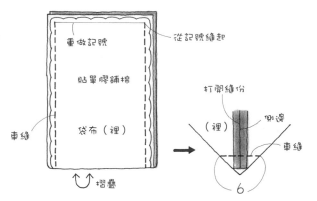

重做記號　　　　從記號縫起

貼單膠鋪棉

袋布（裡）

車縫　　　　摺疊

打開縫份
（裡）　側邊
車縫
6

2 將中袋側邊車縫到止縫點。然後車縫襠份。

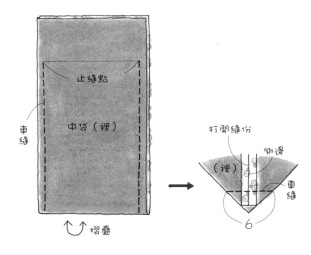

止縫點

中袋（裡）

車縫　　　摺疊

打開縫份
側邊
（裡）
車縫
6

3 摺疊中袋的穿繩部分，
縫合。

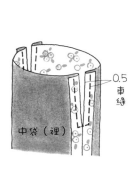

0.5
車縫

中袋（裡）

4 把中袋放入袋布中，車縫入口。
不易車縫的話，就改用手縫。

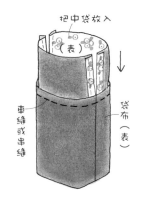

把中袋放入
中袋（表）

車縫或串縫

袋布（表）

5 摺疊中袋的入口，
做藏針縫。

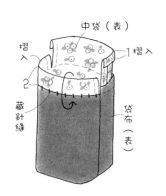

中袋（表）

摺入　　1摺入
2
藏針縫

袋布（表）

6 穿入2條50cm的圓繩，
兩端打結。

完成

16
7　6

---

7 把內貼邊放入袋布中，縫合入口。

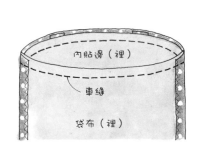

內貼邊（裡）

車縫

袋布（裡）

8 把內貼邊翻回表側，先疏縫再車縫。

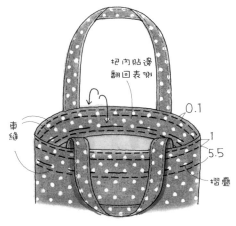

把內貼邊
翻回表側

車縫

0.1
1
5.5
摺疊

完成

42
27
8

拼接肩背包和
保特瓶套

用小花圖案布拼接出令人印象深刻的肩背
包。款式純樸，用途靈活。另外還縫製成
組搭檔的保特瓶套（350ml用）。

no.8作法＊第14頁
no.9作法＊第11頁
布料（素色、110cm寬，小花圖案、85cm寬）
作品製作＊酒井三菜子

no.8

no.9

大顆的釦子（toggle button）成為重點
裝飾品。

皮革提把
的有底包

收納力超群的有底提包。藉
由藍色和紅色的彩色條紋來
展現悠閒氣氛。鮮紅色的皮
革提把尤其引人注目。口袋
部分另縫有小圓扣。
作法＊第16頁
布料（彩色條紋、110cm寬）
作品製作＊金丸かほり

no.10

裡布是使用清爽的藍色條紋布。

13

拼接肩背包（8）
保特瓶套（9）

布的裁法　　※在布的裡側畫線。留白是多餘的部分。
　　　　　　　　※圓圈中的數字是指縫份尺寸。

表布

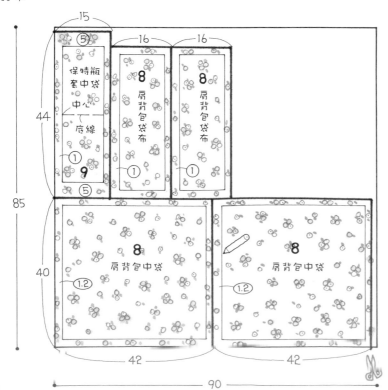

材料（2件份合計）

表布（薄牛仔布）100cm寬60cm
別布（印花棉布）90cm寬85cm
接著芯（薄）90cm寬40cm（僅8）
長5cm的釦子（toggle button）1個（僅8）
粗0.4cm的繩子16cm（僅8）
單膠鋪棉15cm寬36cm（僅9）
粗0.5cm的圓繩50cm 2條（僅9）

※保特瓶套的作法在第11頁。

作法

1 袋布的表布和別布縫合，全面黏貼接著芯。
在表布側做繡縫。

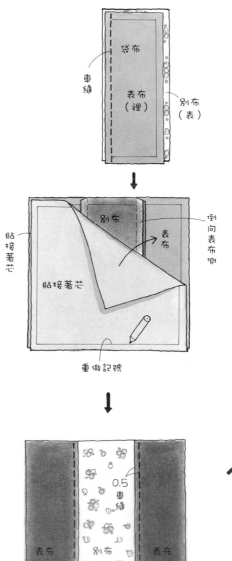

別布

2 袋布2片相疊再縫合周圍。
側邊和底部中央對齊，車縫襠份。

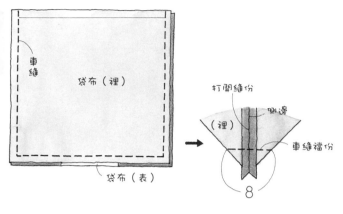

袋布（裡）

車縫

打開縫份

（裡）

側邊

車縫襠份

袋布（表）

8

3 將中袋2片相疊，保留返口縫合周圍。
打開縫份，車縫襠份。翻回表側。

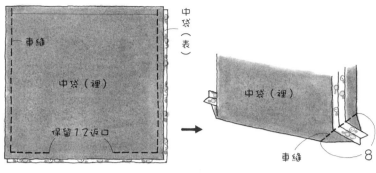

車縫

中袋（表）

中袋（裡）

保留12返口

中袋（裡）

車縫

8

4 肩背帶摺四摺形成5cm寬，再車縫。

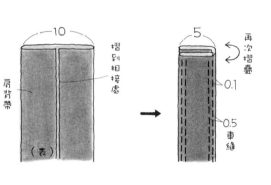

10

肩背帶

（表）

再次摺疊

摺到相接處

5

0.1

0.5 車縫

5 把肩背帶和繩子疏縫在袋布上。

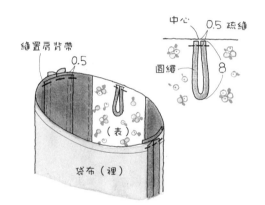

縫置肩背帶

0.5

（表）

袋布（裡）

中心

0.5 疏縫

圓繩

8

6 把中袋放入袋布中，車縫入口。

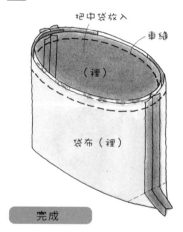

把中袋放入

車縫

（裡）

袋布（裡）

完成

7 從返口翻回表側，返口做藏針縫。

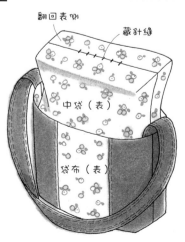

翻回表側

藏針縫

中袋（表）

袋布（表）

8 在入口做繡縫。縫置釦子。

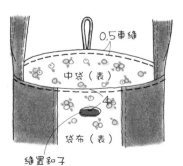

0.5車縫

中袋（表）

袋布（表）

縫置釦子

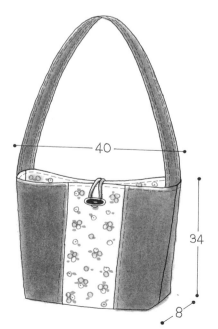

40

34

8

皮革提把的有底包

材料

表布（直條紋棉布）110cm寬50cm
裡布（細條紋棉布）110cm寬50cm
接著芯（薄）110cm寬50cm
長40cm的皮革提把1組
直徑1.3cm的按扣2組

※用表布當袋布，用裡布製作中袋。為補強按扣需要黏貼接著芯。表布太薄時，要裁剪3cm正方的接著芯，重疊黏貼以達補強。

布的裁法

※在布的裡側畫線。留白是多餘的部分。
※圓圈中的數字是指縫份尺寸。

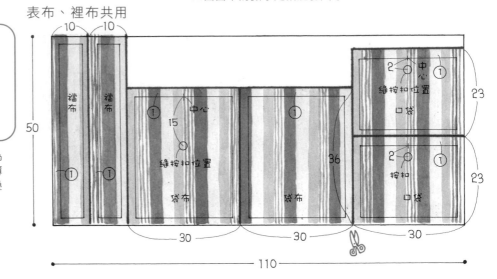

表布、裡布共用

作法

1 在口袋的表布黏貼接著芯，和裡布相疊後，車縫入口。

2 口袋翻回表側，口袋口做繡縫。縫合側邊和底部。縫置按扣。

3 在袋布上黏貼接著芯，縫置受方的按扣。然後擺放口袋做疏縫。同法再做1組。

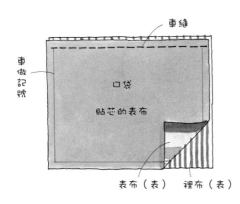

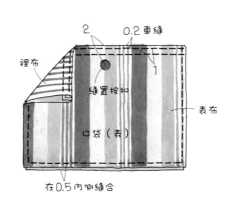

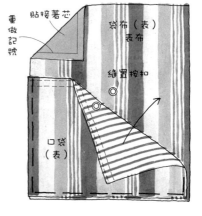

4 在襠布黏貼接著芯，將2片縫合。打開縫份做繡縫。

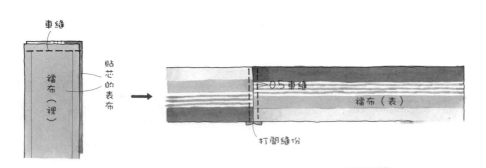

5 車縫中袋的襠布。表布的襠布也用相同方法做繡縫。

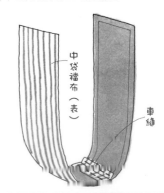

6 袋布的中心和襠布縫線對齊，縫合底部。在記號處止縫。
並在襠布的縫份上打牙口。

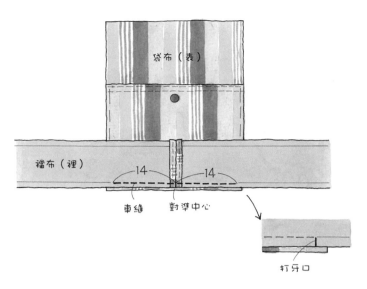

袋布（表）

襠布（裡）

14　14

車縫　對準中心

打牙口

7 袋布的側邊和襠布的側邊對齊縫合，
另一側的側邊也用相同方法縫合。

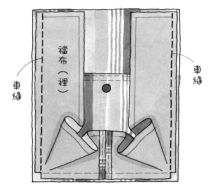

襠布（裡）

車縫

車縫

8 另一片袋布也對齊襠布縫合。

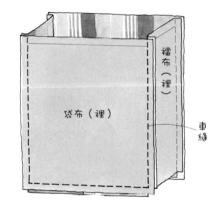

襠布（裡）

袋布（裡）

車縫

9 和袋布同法，縫合中袋和中袋襠布。
保留返口，再翻回表側。

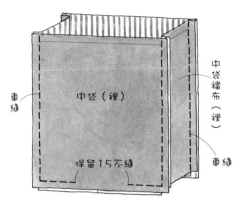

中袋（裡）

車縫

中袋襠布（裡）

保留15不縫

車縫

10 為了避免縫份太厚，縫份的倒向要錯開。
把袋布放入中袋，車縫入口。

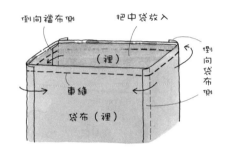

倒向襠布側　把中袋放入

（裡）

倒向袋布側

車縫

袋布（裡）

完成

11 從返口翻回表側，返口做藏針縫。

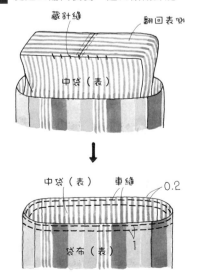

藏針縫　翻回表側

中袋（表）

中袋（表）　車縫　0.2

袋布（表）

1

12 用回針縫牢牢縫住提把。
線使用穴線等牢固的手縫線2股。

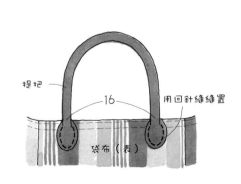

提把

16

用回針縫縫置

袋布（表）

34

28

8

Liberty print
印花布的拼接
托特包＆小物包

no.11

no.12

活用高雅圖案縫製成的托特包和小物包套
組。整體加入鋪棉呈現蓬鬆感。托特包的
提把具有可背在肩膀的長度，不僅方便使
用，運用度也很靈活。

no.11作法＊第21頁
no.12作法＊第20頁
布料（Liberty print「Maddsie」、110cm寬，Nuance
Pallet Correction〈素色〉、110cm寬）
作品製作＊千葉美枝子

同花色的小物包，可收納化妝品或小東西。

薄荷綠的Liberty印花圖案和穩重的紫色組合，亮麗且搶眼。

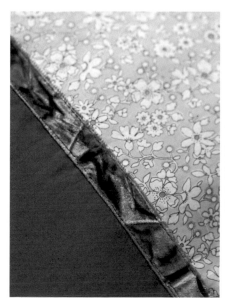

壓花絲絨緞帶的高級質感，統合整體的風格。

Liberty Print
印花布的拼接托特包（11）
小物包（12）

材料（2件份合計）

表布（印花棉布）90cm寬50cm
別布（素色棉布）110cm寬50cm
單膠鋪棉95cm寬50cm
接著芯（薄）20cm寬50cm（僅11）
1.5cm寬的絲絨緞帶75cm（11）
　　　　　　　　40cm（12）
20cm的拉鍊1條（僅12）

※單上膠鋪棉要用低溫熨斗從表布側
　熨燙黏貼。

12

作法

1　表布和別布縫合。

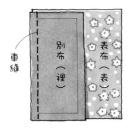

2　在袋布上黏貼單膠鋪棉，擺放緞帶縫住。

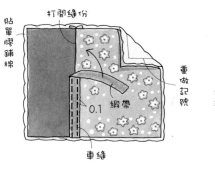

5　將中袋2片相疊，車縫周圍。

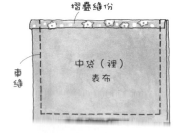

※在布的裡側畫線。留白是多餘的部分。
※圓圈中的數字是指縫份尺寸。

布的裁法

表布

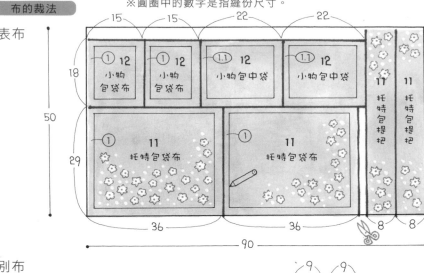

別布

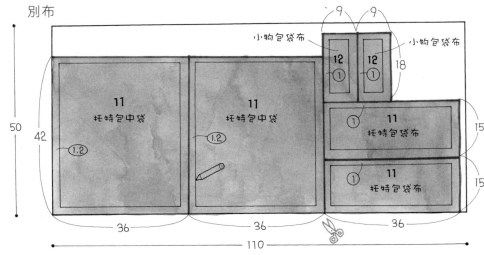

3　摺疊入口的縫份，縫住拉鍊。

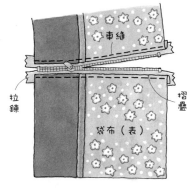

4　縫合袋布周圍。剪掉縫份中的鋪棉。翻回表側。

6　將中袋放入袋布，在拉鍊的車縫線上做藏針縫。

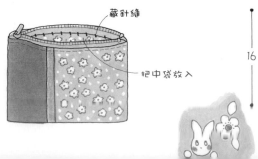

完成

11

作法

1 把表布和別布縫合。

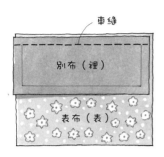

車縫
別布（裡）
表布（表）

2 在袋布上黏貼單膠鋪棉，
擺放緞帶後縫住。

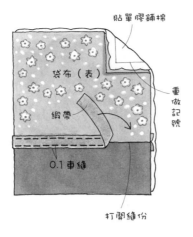

貼單膠鋪棉
袋布（表）
重做記號
緞帶
0.1車縫
打開縫份

3 將袋布2片相疊再車縫周圍。
剪掉縫份中的鋪棉。

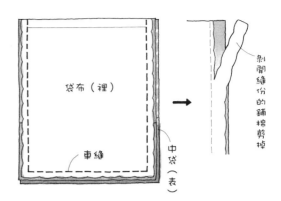

袋布（裡）
車縫
中袋（表）
剝開縫份的鋪棉剪掉

4 把中袋2片相疊，保留返口車縫周圍。
翻回表側。

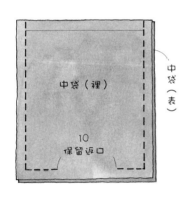

中袋（裡）
中袋（表）
10
保留返口

5 於提把上黏貼接著芯。
摺四摺形成2cm寬後，車縫。

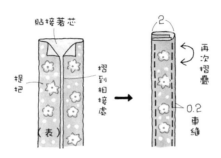

貼接著芯
提把
摺到相接處
（表）
2
再次摺疊
0.2車縫

6 把提把疏縫在袋布上。

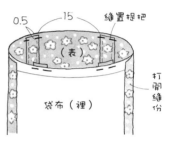

0.5
15
縫置提把
（表）
打開縫份
袋布（裡）

7 把中袋放入袋布，車縫入口。

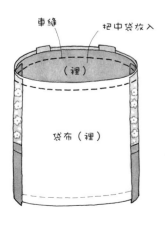

車縫
把中袋放入
（裡）
袋布（裡）

8 從返口翻回表側，返口做藏針縫。
在入口做繡縫。

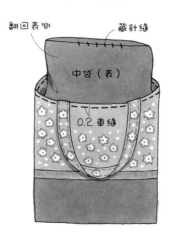

翻回表側
藏針縫
中袋（表）
0.2車縫

完成

40
34

繫有胸花的
竹環提包

no.13

裡布是搭配漂亮色調的直條紋布。

大顆的貝殼鈕扣相當可愛。以同布塊縫製的
胸花可拆下個別使用。

色彩淡雅的花卉圖案,把竹環提包襯托得十分俏麗。圓鼓鼓的外型也很可愛。而竹環的提把給人輕盈的印象。

作法＊第24頁

布料(半亞麻布、Garden Print、110cm寬,
Nuance Pallet Correction〈條紋〉、110cm寬)
作品製作＊酒井三菜子

以打褶演出立體感的提包，圖案是天藍色的花卉，清爽雅致。由於是覆膜加工的質料，故即使雨天也能提拿。

作法＊第25頁
柔軟的覆膜印花布（108cm寬）
作品製作＊金丸かほり

no.14

覆膜印花布
的打褶提包

第22頁13
繫有胸花的竹環提包

材料

表布（印花棉麻）60cm寬50cm
別布（直條紋棉布）80cm寬50cm
內吋12.5cm寬、高8cm竹環提把1組
1.5cm寬的鬆緊帶60cm
直徑2.5cm的鈕扣1個
3.5cm寬的胸花別針1個

布的裁法　　※在布的裡側畫線。留白是多餘的部分。
※圓圈中的數字是指縫份尺寸。

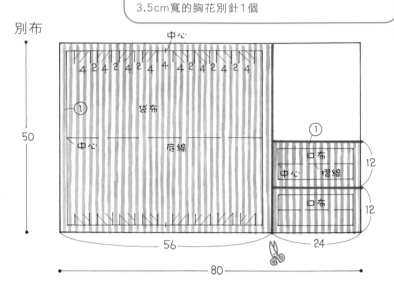

表布

別布

作法

---

1 如圖般摺疊袋布的打褶部分，縫住縫份。
中袋也同法摺疊。

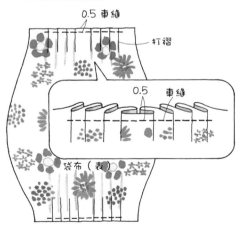

2 將袋布和中袋相疊，縫合側邊。

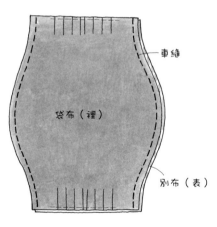

3 從入口側翻回表側，車縫鬆緊帶的穿口。

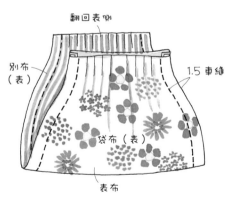

---

4 穿鬆緊帶，為了避免脫落做車縫固定。

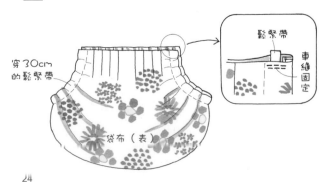

5 摺疊口布，車縫側邊。
翻回表側後，做繡縫。

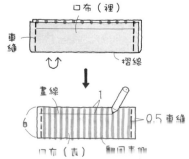

6 把口布重疊在袋布上，做車縫。

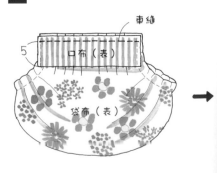

第23頁14　覆膜印花布的打褶提包

材料
表布（覆膜加工的印花布）110cm寬50cm

※覆膜加工的布料一旦車縫過即會留下洞孔，無法重新車縫，故先用剩布試縫後才正式車縫。暫時固定時，要用透明膠帶取代珠針。

作法

布的裁法

※在布的裡側畫線。留白是多餘的部分。
※圓圈中的數字是指縫份尺寸。

表布

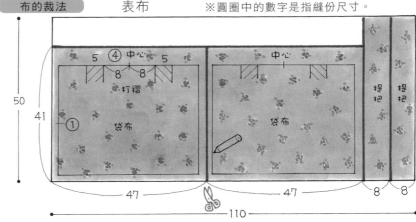

1　摺疊袋布的縫份，車縫入口。
　將袋布2片相疊，車縫底部。

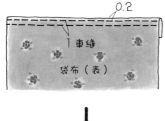

2　把底部2片相疊，車縫側邊。

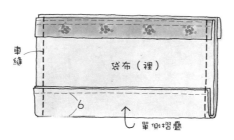

3　翻回表側。
　摺疊打褶部分，車縫縫住。

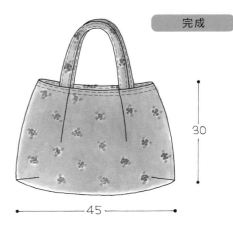

4　摺疊提把後，車縫。

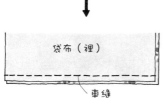

5　把提把放入袋布中，車縫固定住。

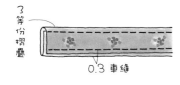

完成

7　用口布包住提把，做藏針縫。

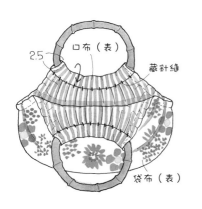

8　胸花做串縫，拉緊線後，裝上鈕扣。
　再裝置胸花別針。

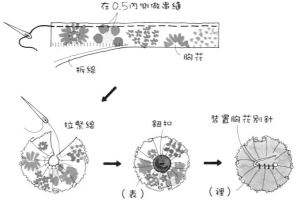

完成

25

no.15

用扁繩束緊兩側，製
作蓬蓬的外型。

把2片布相疊、車縫即可完成的摺紙提包。組合花圖剪影的
表布和孔雀綠的裡布，個性十足。竹環提把也成了漂亮的
裝飾焦點。

作法＊第27頁
作品製作＊更科レイ子

26

只要重疊、打褶、車縫即可完成的摺紙式提包

※在布的裡側畫線。留白是多餘的部分。
※圓圈中的數字是指縫份尺寸。

材料

表布（印花棉布）90cm寬90cm
別布（圓點棉布）90cm寬90cm
1cm寬的繩帶1m 2條
內吋15cm的竹環提把1組
MOCO（焦茶）

布的裁法

表布
別布

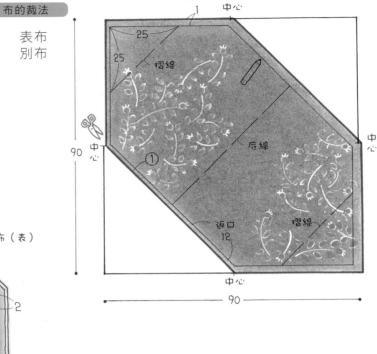

作法

1 將表布和別布相疊，保留返口再穿繩口後，縫合周圍。

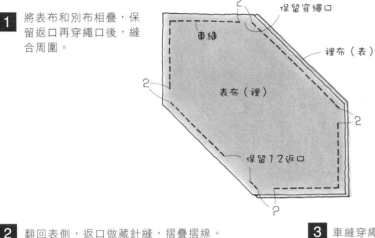

2 翻回表側，返口做藏針縫，摺疊摺線。

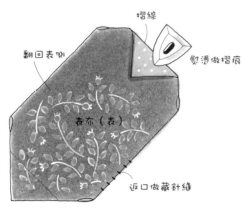

3 車縫穿繩部分。摺線處做繡縫。

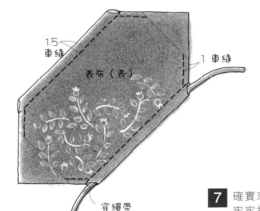

4 為了避免看到摺線的角，做星止縫。

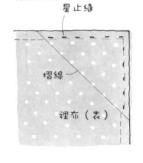

5 各角分別穿入提把。

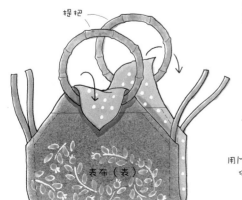

6 包住提把，沿著提把縫住。

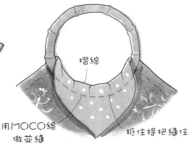

7 確實束緊繩帶，牢牢打結。 完成

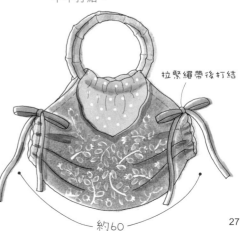

雙色方格布
的抱枕套

no.16

no.17

no.18

並排3個貝殼鈕扣當作漂亮裝飾的抱枕
套。分別準備紫色、灰色、藍色三種
方格紋,演出清新印象。

作法＊第31頁
布料（110cm寬）
作品製作＊西村明子

多樣花色拼接的
3種抱枕套

no.19

no.20

no.21

將方格紋、圓點點和小碎花等不同花色的
3種布料加以組合，即能擁有如此多彩有
趣的抱枕套。起居室也頓時亮麗起來！

作法＊第30頁

作品製作＊西村明子

抱枕背面可選擇使用
自己喜歡的花色。

多樣花色
拼接的3種抱枕套

材料（3件份合計）

A布（圓點棉布）110cm寬45cm
B布（印花棉布）105cm寬65cm
C布（方格紋棉布）110cm寬45cm
接著芯（薄）95cm寬95cm

布的裁法

A布

※在布的裡側畫線。留白是多餘的部分。
※圓圈中的數字是指縫份尺寸。

※40cm正方的抱枕用。

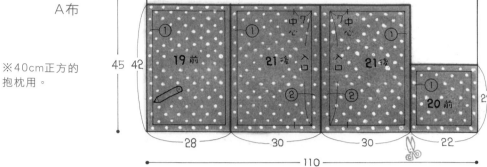

B布

C布

作法

1 車縫抱枕的前片。作品19、21是分別車縫拼接片，並全面黏貼接著芯。
19的抱枕是把B布和A布，21的抱枕是把C布和B布加以組合。

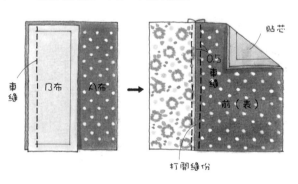

作品20是如圖般先把橫布互相縫合，接著縱布互相縫合。打開縫份，再貼接著芯。

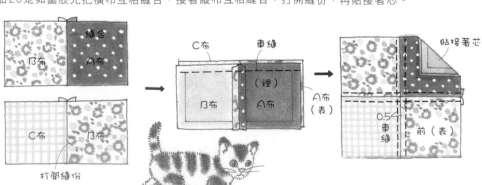

2 抱枕後片的入口摺三摺車縫。

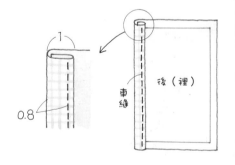

3 抱枕後片的入口重疊14cm做疏縫。

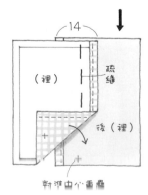

第28頁16～18　雙色方格布的抱枕套

材料（3件共用）
表布（方格紋棉布）70cm寬100cm
直徑2cm的鈕扣3個

※40cm正方的抱枕用

※在布的裡側畫線。留白是多餘的部分。
※圓圈中的數字是指縫份尺寸。

布的裁法

表布

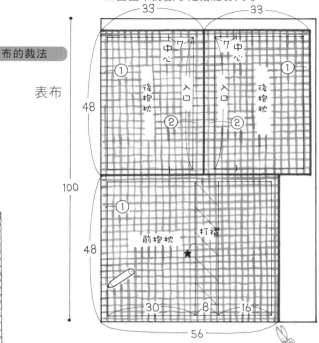

作法

1 摺疊抱枕前片的打褶部分後，縫住。

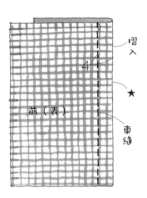

2 打褶方向倒向右側。

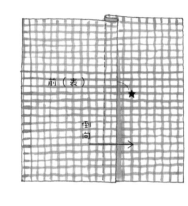

3 抱枕後片和30頁同法車縫，然後和前片重疊車縫周圍。

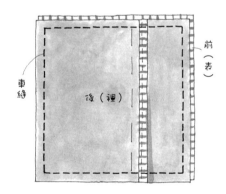

4 拆掉疏縫線翻回表側，在距離邊端的3cm內側做繡縫。縫置鈕扣。

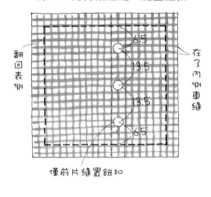

完成

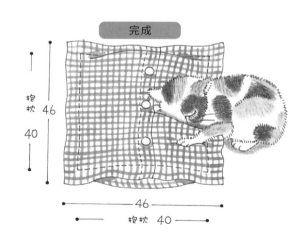

---

4 將抱枕的前片和後片相疊車縫周圍。用鎖縫處理縫份。拆掉疏縫線後，翻回表側。

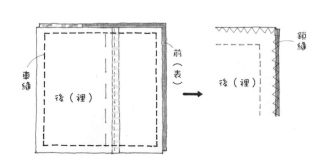

完成

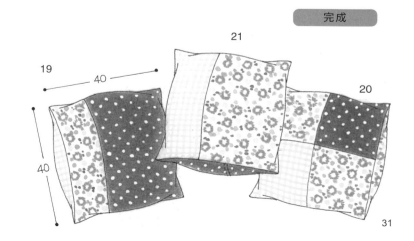

no.22

分別是粉紅色和藍色2色的羅曼
蒂克花圖枕頭套，非常可愛。紗
布的柔軟觸感讓睡眠更加舒適。

作法＊第34頁
布料（108cm寬）
作品製作＊西村明子

no.23

印花雙層紗布
的枕頭套

花卉圖案的徽章充滿少女
情懷　倍感俏麗。

淡彩條紋布
的睡衣袋

no.24

no.25

睡衣或居家服等容易顯得凌亂的物品，
就收納在大型布袋狀的睡衣袋中，擱在
床邊，馬上變得整潔俐落。

作法 ＊ 第35頁

布料（108cm寬）
作品製作＊西村明子

便利的2款
萬用布巾

no.26

材質柔軟的萬用布巾可隨性覆蓋喜愛的籃子。邊緣點綴紫色蕾絲增添豐富俏麗感。艾菲爾鐵塔圖案的徽章也是個視覺焦點。

作法＊第34頁
布料（110cm寬）
作品製作＊更科レイ子

整面花卉圖案的素雅萬用布巾。擁有一塊大尺寸的布巾，即能在運用上大展身手。選擇喜歡的圖案的布料來縫製，當作美化廚房的一大法寶。

作法＊第35頁
布料（110cm寬）
作品製作＊更科レイ子

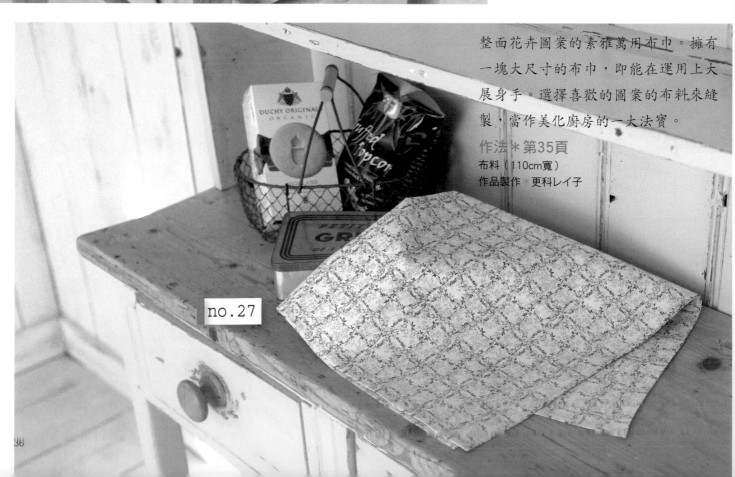

no.27

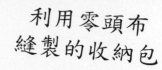

利用零頭布
縫製的收納包

no.28

隨著朝外側的圖案不同，
展現的模樣也各異其趣…

運用拼布技巧組合4片零頭布縫製成收
納袋。瓶瓶罐罐、報紙等都能隨手統合
收納。四面圖案各不相同，可依心情轉
換置放方向，享受布料所營造的氣氛。
作法＊第38頁
作品製作＊金丸かほり

材料

表布（零頭棉布）
　　　　30cm寬30cm 4片
裡布（直條紋棉布）
　　　　90cm寬60cm
單膠鋪棉90cm寬60cm
長41cm的提把1組

※用4片零頭布和1片裡布來
　縫製表面。
※上膠鋪棉要用低溫熨斗從
　表布側熨燙黏貼。

布的裁法

裡布

表布

※在布的裡側畫線。留白是多餘的部分。
※圓圈中的數字是指縫份尺寸。

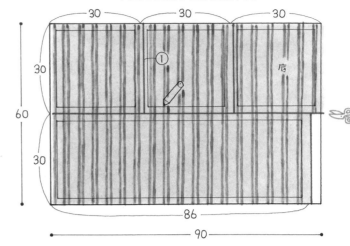

作法

1 縫合2片表布和1片裡布
（底），製作本體。在
布的表側製作對角線的
記號。側面用的2片也
做記號。

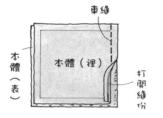

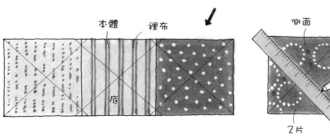

2 本體和側面分別黏貼鋪棉。

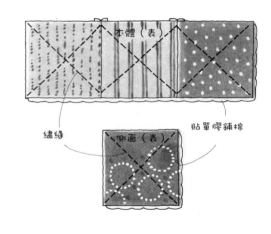

3 將本體和本體用的裡布相疊，保留返
口後車縫周圍。翻回表側，返口做藏
針縫。在拼接位置做繡縫。

4 側面也用相同方法車縫後，
翻回表側。

5 將提把縫在側面。
另一片的側面也縫置提把。

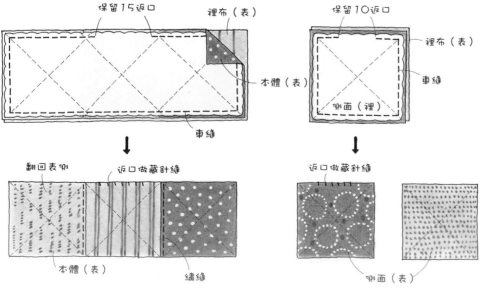

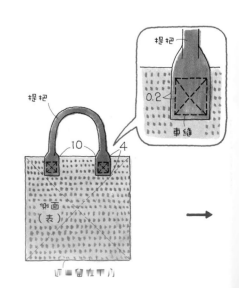

材料
表布（方格紋起毛棉布）97cm寬180cm
附夾子的布簾掛鉤10個

布的裁法
※在布的裡側畫線。留白是多餘的部分。
※圓圈中的數字是指縫份尺寸。

※配合使用場所製作尺寸。
　下擺的縫份多留一些。

作法

1 布簾的兩端摺三摺後，車縫。

2 上下分別摺三摺縫住，
再均等夾住布簾掛鉤。

3 掛在伸縮棒上使用。

表布

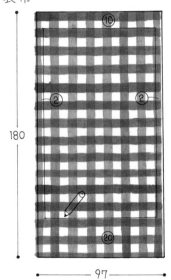

180

97

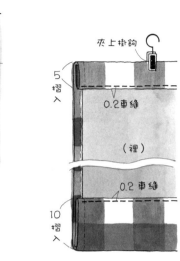

（裡）
0.2車縫

夾上掛鉤
5摺入
0.2車縫
（裡）
0.2車縫
10摺入

完成

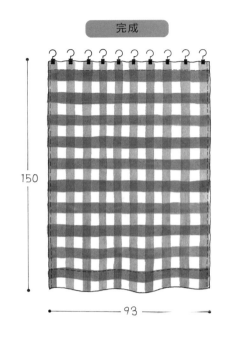

150

93

---

6 本體和側面的表側內朝內對齊，
只挑起表布做密捲縫。

7 另一片的側面也用捲縫縫住。

8 側面和本體側邊用捲縫縫住，
形成盒狀。

完成

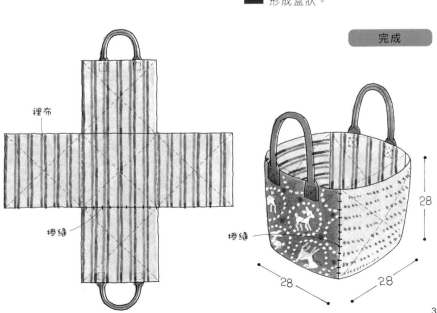

僅挑裡布互做捲縫
裡布
捲縫
側面（表）
本體
裡布

裡布
捲縫
捲縫

捲縫
28
28
28

使用市售的布簾掛鉤,作業更方便。

可取代隔間板的布簾,選擇能把房間
變明亮的大方格紋布來縫製。也是能
簡單轉換室內裝潢印象的高明手法。

作法 * 第39頁

布料(柔軟方格紋布M、112cm寬)

作品製作 * 更科レイ子

柔軟方格紋布
的布簾

no.30

no.31

不用的時候可以重疊後收藏起來。

這個可愛的小物盒是由觸感柔軟的
方格紋布和圓點紗布組合縫製的。
不僅收拾小物便利，拿來裝飾房間
也美不勝收。

作法＊第42頁
布料（柔軟方格紋布S、112cm寬，規則圓點布
、112cm寬）
作品製作＊酒井三菜子

布的裁法　　※在布的裡側畫線。留白是多餘的部分。
　　　　　　　　　※圓圈中的數字是指縫份尺寸。

材料（2件共用）

表布（方格紋棉布）36cm寬30cm（30）、31cm寬26cm（31）
裡布（圓點棉布）36cm寬30cm（30）、31cm寬26cm（31）
單膠鋪棉　36cm寬30cm（30）、31cm寬26cm（31）
1.8cm寬的平帶28cm（30）、24cm（31）

表布 · 裡布 · 鋪棉共用

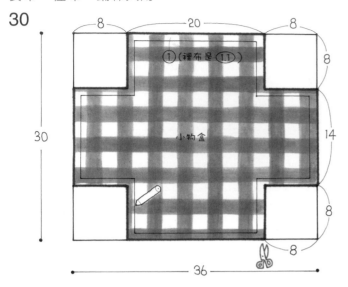

30

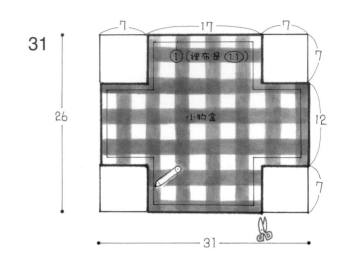

31

作法

1 在表布上黏貼鋪棉。

2 縫合本體的側邊，剪掉縫份上的鋪棉。

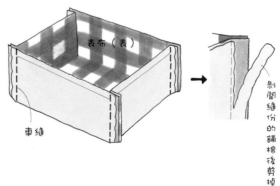

3 縫合裡布的側邊。

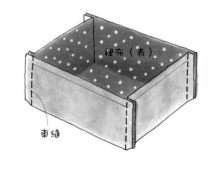

4 把裡布放入表布中，保留返口後車縫。

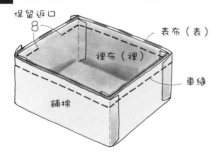

5 從返口翻回表側，返口做藏針縫。
入口做繡縫。捏著轉角車縫。

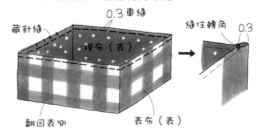

完成

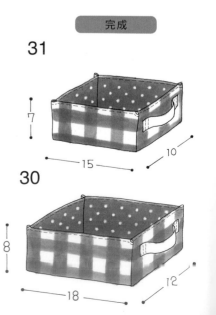

31

30

6 各裁剪2條平帶。

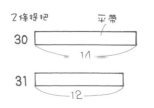

7 縫住繩帶。

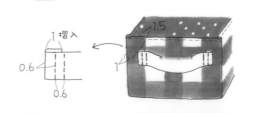

材料

表布（印花棉布）100cm寬55cm
2.5cm寬的平帶190cm
1.2cm寬的鋸齒狀帶120cm

※口袋是使用斜紋布，故車縫時注意
別拉伸。

作法

布的裁法

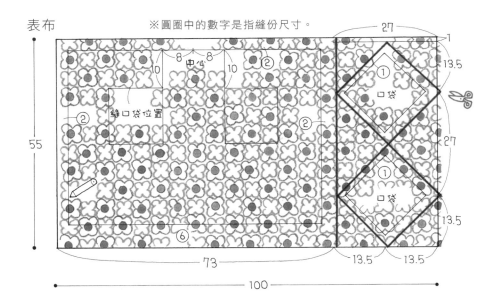

表布　　　※圓圈中的數字是指縫份尺寸。

1 圍裙上方摺三摺縫住，
接著兩側也分別摺三摺縫住。

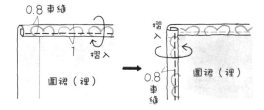

2 把平帶車縫在圍裙裡側製作綁帶。
前端摺三摺縫住。

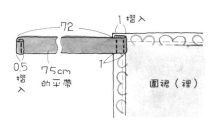

3 在口袋口車縫平帶。
摺疊周圍的縫份，再疏縫鋸齒帶。

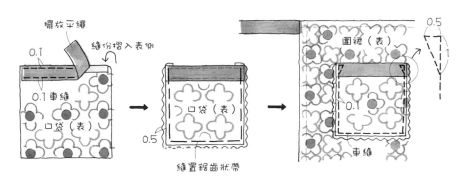

擺放平繩
縫份摺入表側

縫置鋸齒狀帶

4 把口袋縫置在圍裙上。

完成

5 下擺摺三摺後縫住。

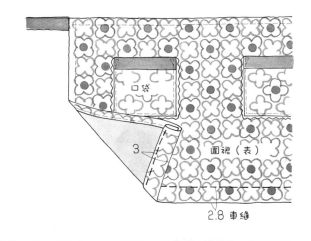

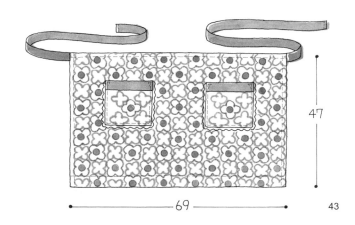

43

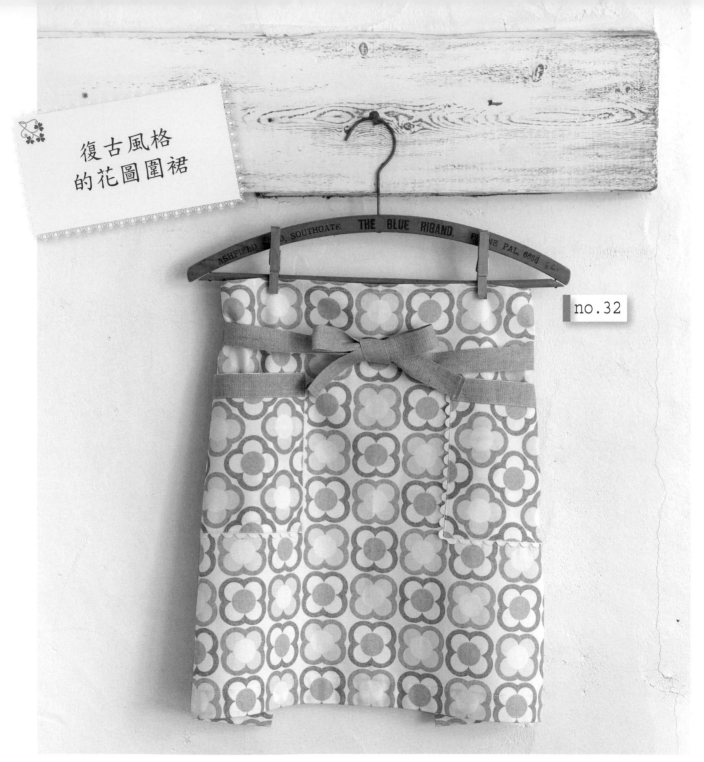

no.32

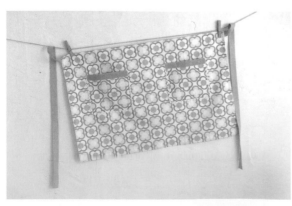

款式簡單的圍裙，花色是選擇既復古又充
滿普普風的花圖。並且口袋周圍車有鋸齒
狀帶，形成自然的點綴。再繫上大地色的
扁平棉帶，整體印象相當秀氣典雅。

作法＊第43頁
布料（110cm寬）
作品製作＊更科レイ子

44

no.33

no.34

腰部的打褶部分，給人漂亮的印象。

以綠色給人清爽印象的圍裙和廚房
抹布套組。排列成條紋狀的花圖也
醞釀出漂亮的氣氛。
no.33作法＊第46頁
no.34作法＊第47頁
布料（110cm寬）
作品製作＊更科レイ子

布的裁法

※在布的裡側畫線。留白是多餘的部分。
※圈圈中的數字是指縫份尺寸。

表布

材料（2件份合計）

表布（直條紋棉布）110cm寬95cm
2cm寬的棉帶6cm(僅34)
1cm寬的繩帶12cm（僅34）
MOCO（僅34）

※打褶時要看著布的表面來摺疊。

33

作法

1 圍裙的兩端分別摺三摺縫住，
接著在下擺也摺三摺縫住。

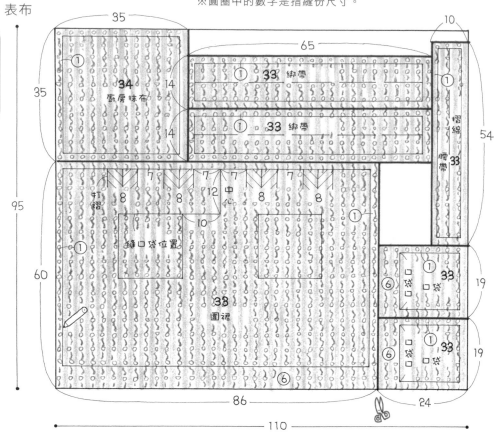

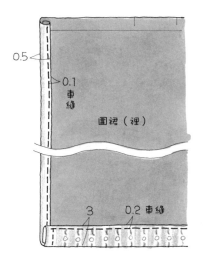

0.5

0.1 車縫

圍裙（裡）

3　0.2 車縫

2 口袋的入口摺三摺縫住。

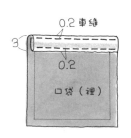

0.2 車縫

3

0.2

口袋（裡）

3 把口袋擺放在圍裙上後，縫住。

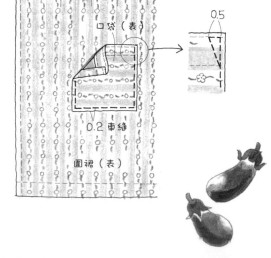

口袋（表）

0.5

0.2 車縫

圍裙（表）

4 摺疊圍裙的打褶部分，縫份做疏縫。

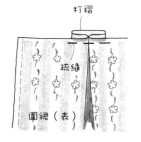

打褶

疏縫

圍裙（表）

5 完成全部的打褶部分。

圍裙（表）

46

6 摺疊綁帶再縫住。翻回表側做繡縫。褶子要摺疊在縫置側。

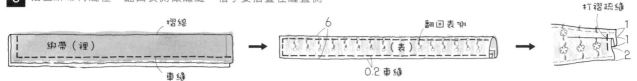

8 在腰帶的縫份上縫置綁帶。

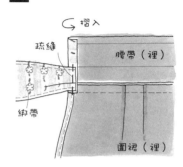

7 把腰帶縫在圍裙上。

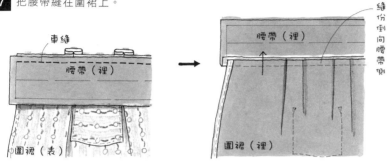

9 摺疊腰帶包住縫份後，做繡縫。

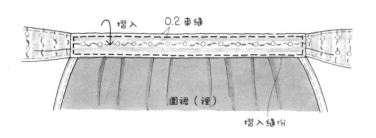

完成

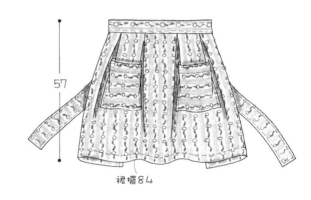

作法

34

1 在邊端打三摺再縫住。

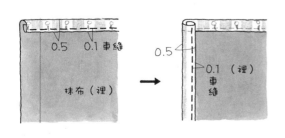

2 上下分別摺三摺後縫住，
再均等夾住布簾掛鉤。

完成

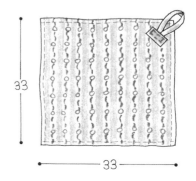

塑膠袋
收納袋和廚房踏墊

no.35

no.36

用大小不同的印花布來縫製塑膠袋
的收納袋和廚房踏墊。因為圖色一
致，所以廚房產生統一感。

no.35作法＊第51頁
no.36作法＊第50頁

布料（110cm寬）
作品製作＊更科レイ子

可愛的花圖印花布，為廚
房周遭帶來明亮感。

活潑的粉紅色繡縫成為裝飾重點。

第48頁36　廚房踏墊

布的裁法

※在布的裡側畫線。
※圓圈中的數字是指縫份尺寸。

材料
表布（印花棉布）90cm寬88cm
鋪棉　90cm寬44cm

※以30號的車縫線做繡縫時，車縫針要改用較粗型（#13）較容易作業。

表布

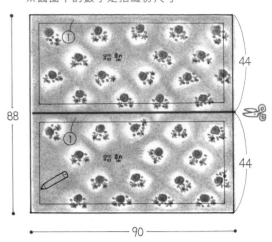

作法

1 在表布上重疊鋪棉，然後和另一片表布相疊，車縫周圍。

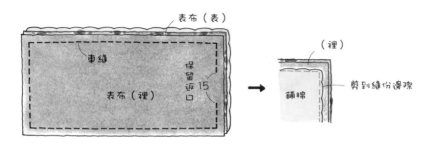

2 從返口翻回表側，返口做藏針縫。接著做疏縫。

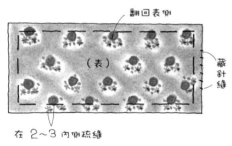

3 全面使用30號的繡縫線做繡縫。

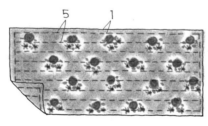

完成

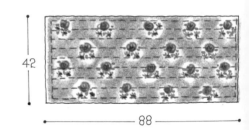

第52頁37
餐墊
※材料在第54頁。

1 在拼接線上做鎖縫。

2 縫合拼接片，再打開縫份做繡縫。

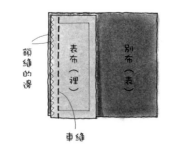

3 周圍摺三摺後車縫。

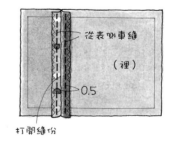

完成

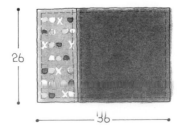

※在布的裡側畫線。留白是多餘的部分。
※圓圈中的數字是指縫份尺寸。

布的裁法

表布

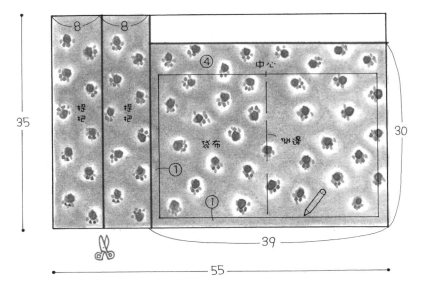

材料

表布（印花棉布）55cm寬35cm

作法

1 袋布的兩側做鎖縫處理縫份。
在入口側和取出口側分別摺三摺後縫住。

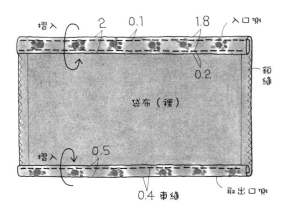

2 摺疊提把的兩端。
摺四摺形成2cm寬，車縫。

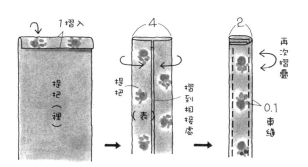

3 將提把縫在入口側。

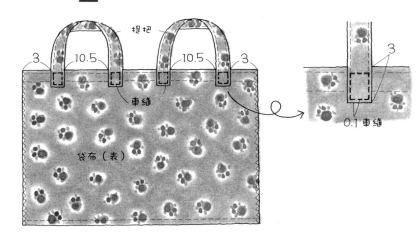

4 摺疊袋布，車縫側邊。

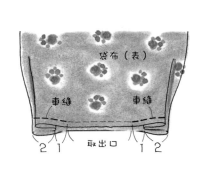

5 翻回表側，將取出口摺疊縫住。

完成

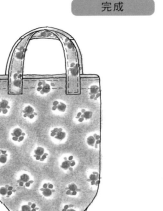

no.38

充滿親切用餐氣氛的茶碗圖案，使整
套便當袋組倍顯可愛。在此介紹的有
能單獨使用的午餐托特包以及筷袋等
快樂午餐時光必備的作品。

no.37作法＊第50頁
no.38作法＊第54頁
no.39作法＊第55頁
no.40作法＊第55頁

布料（圖案布、110cm寬）
作品製作＊千葉美枝子

no.40

no.37

no.39

52

便當束口袋剛好能裝入午餐托特包中。

餐墊是用茶碗圖案和素色布料加以組合縫製。

把個人的筷子擺放在筷袋中捲收起來。

第52頁37～40　茶碗印花布的便當袋組

餐墊（37）
午餐托特包（38）　筷袋（39）
便當束口袋（40）

材料（4件份合計）

表布（印花棉布）90cm寬50cm
別布（素色棉布）62cm寬50cm
粗0.4cm的圓繩130cm（僅40）
直徑1.8cm的鈕扣1個（僅39）
粗0.2cm的繩帶50cm（僅39）
MOCO（黃、僅39）

※37的作法在
第50頁。

※在布的裡側畫線。
※圓圈中的數字是指縫份尺寸。

布的裁法

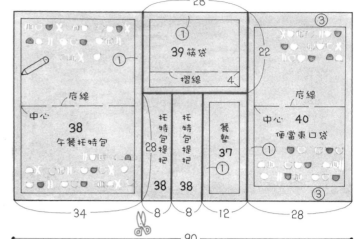

38

作法

1 用底線摺疊袋布，車縫側邊。
側邊和底部中央對齊，車縫襠份。

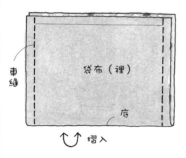

2 保留返口，車縫中袋側邊，
再車縫襠份。翻回表側。

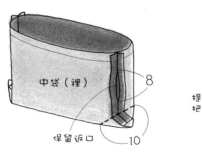

3 提把摺四摺形成2cm寬後，車縫。

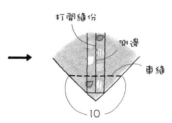

別布

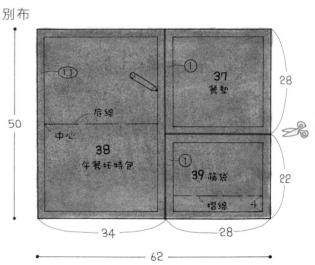

完成

4 把提把疏縫在袋布上。

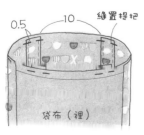

5 把中袋放入袋布中，車縫入口。

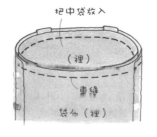

6 從返口翻回表側，返口做藏針縫。
入口做繡縫。

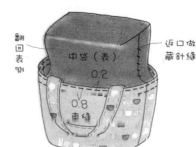

1 將表布和別布相疊，
夾住圓繩後縫住周圍。

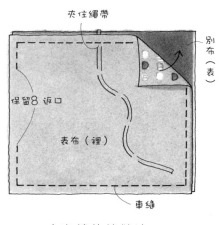

夾住繩帶
別布（表）
保留8返口
表布（裡）
車縫

2 翻回表側，返口做藏針縫。
周圍做繡縫。

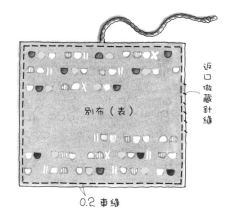

別布（表）
返口做藏針縫
0.2 車縫

3 摺疊袋布，邊在側邊刺繡，
邊縫在筷袋上。

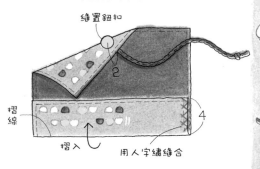

縫置鈕扣
2
摺線
摺入
用人字繡縫合
4

人字繡的繡縫法

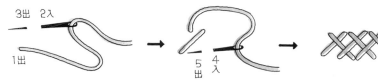

3出 2入
1出
5出 4入

完成

約5
26

---

1 袋布的兩側用鎖縫處理。並在底線處摺疊。

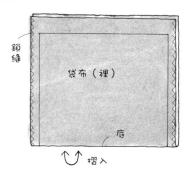

鎖縫
袋布（裡）
底
摺入

2 再次摺疊，車縫側邊。

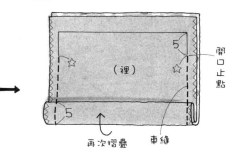

5
（裡）
開口止點
5
再次摺疊
車縫

3 打開縫份，車縫穿繩口。

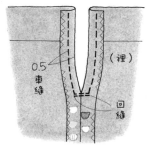

0.5 車縫
（裡）
回縫

4 入口摺三摺後，車縫穿繩口。

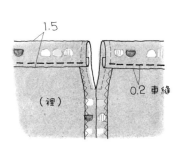

1.5
（裡）
0.2 車縫

5 翻回表側。穿入2條繩帶。前端打結。

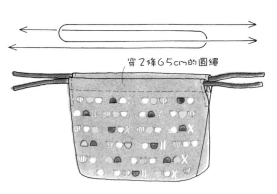

穿2條65cm的圓繩

完成

17
26

55

no.41

no.44

no.42

no.43

使用不同花色的兩條手巾巧妙的組合
縫製而成的吾妻袋和書套組。搭配的
手巾圖案雖然截然不同，卻大方展現
摩登氣氛，流露出和諧表情。

no.41、no.42作法＊第58頁
no.43、no.44作法＊第59頁
作品製作＊新家幸枝

有冰雹的圖案和雪花的圖案…，
書套的裡布圖案也令人驚豔！

選用俏皮貓咪圖案或者典雅帶
大人味等自己喜歡的手巾吧！

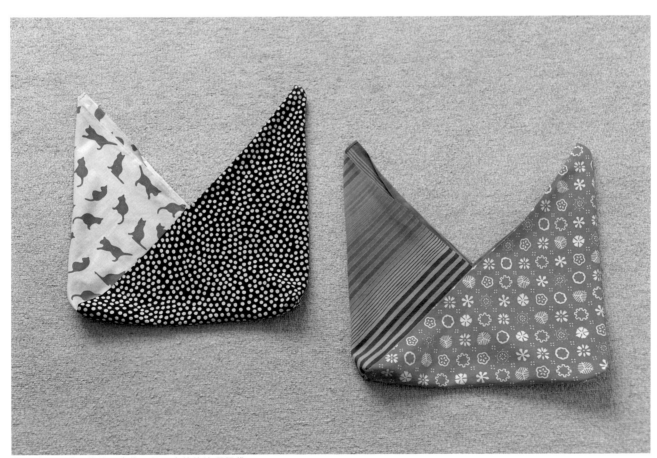

攤開時呈現扁平狀的吾妻袋，是日本的傳統環保袋。

用喜愛的手巾縫製的吾妻袋（43、44）
書套組（41、42）

布的裁法

材料（41和43，42和44成組合計）
表布（33cm寬90cm的日本手巾）1片
裡布（33cm寬90cm的日本手巾）1片
1cm的繩帶19cm(僅41、42)

表布（42 44是黑底的冰雹圖案，41 43是水藍色的雪花圖案）

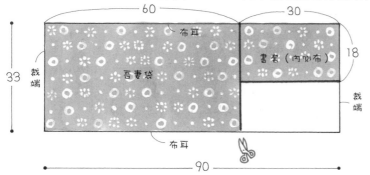

別布（42 44是粉紅底的貓圖案，41 43是茶色條紋圖案）

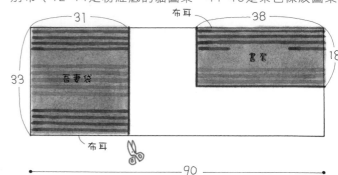

41·42　作法

1 別布的布邊摺三摺後縫住。

2 表布的布邊做鎖縫。摺疊別布，邊夾住繩帶，邊和表布重疊，再如圖般縫合。畫斜線，車縫。

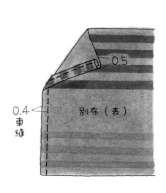

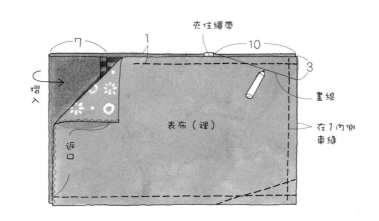

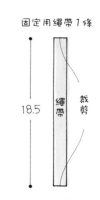

3 從斜縫線保留1cm，剪掉多餘的縫份。

4 從返口翻回表側。

完成

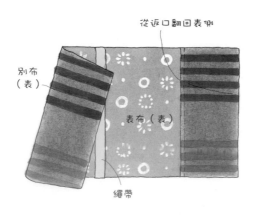

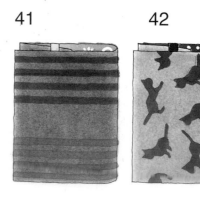

41　42

1 表布和別布相疊車縫。
用鎖縫處理縫份。裁端摺三摺後車縫。

2 裁端摺三摺，分別車縫。

3 倒向別布側做繡縫。
分三等份做記號。

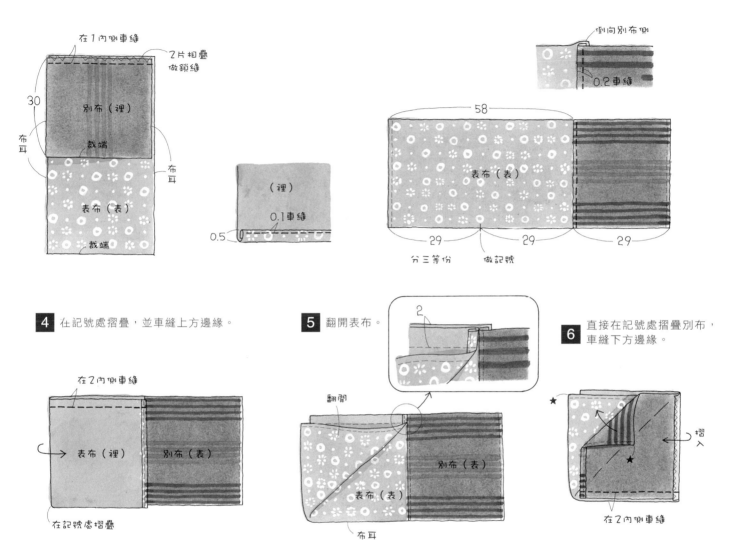

4 在記號處摺疊，並車縫上方邊緣。

5 翻開表布。

6 直接在記號處摺疊別布，車縫下方邊緣。

7 捏著★記號處拉緊。
有★的角容易從正側方脫落，故角要對齊摺平，再車縫褶份。

8 有★的角互相打結，當作提把使用。

完成

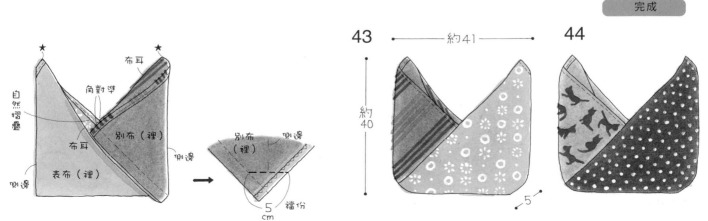

43　約41　　約40　　5

44

no.46

no.47

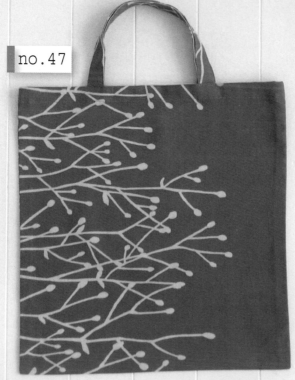

以手巾的圖案當主角的扁平狀托特包。小鳥、玫瑰和地
榆等帶點現代感的圖案,感覺很漂亮。這樣的包包當禮
物送人也很討喜喔!

作法＊第61頁

作品製作＊新家幸枝

手巾的花色要選擇令人印象深刻,而且感覺
華麗、時髦的圖案。

3款手巾托特包

布的裁法　表布

材料（3件共同）

表布（33cm寬90cm的日本手巾）1片
2cm寬的帶子66cm

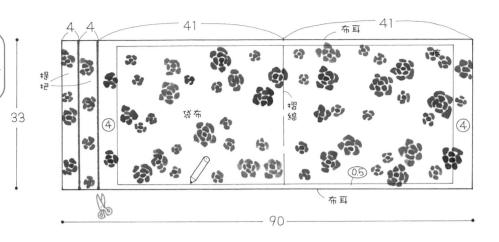

作法

1 在摺線上摺疊袋布，再車縫側邊。

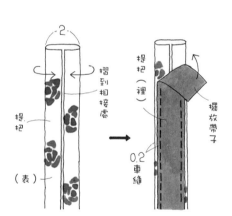

2 摺疊提把的兩側，形成2cm寬。
再擺放帶子做繡縫。

3 把提把疏縫在袋布上。

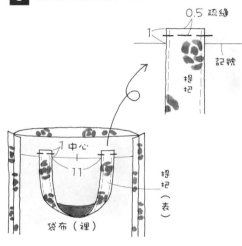

4 在入口摺三摺，車縫。

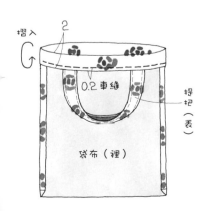

5 拉起提把，縫住固定。

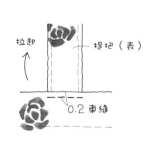

完成

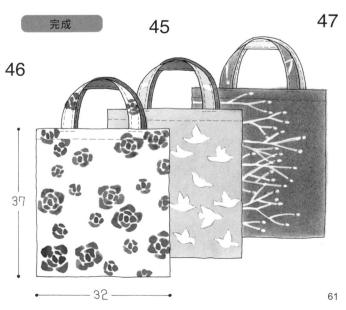

45

46

47

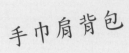

手巾肩背包

利用手巾摺疊縫製成的肩背包，軟趴趴的外型顯得樸素又可愛。重點是選擇沒有方向性的簡單圖案布。

作法＊第63頁
作品製作＊新家幸枝

在肩背包的入口部分縫置鈕扣當作裝飾焦點。且配合手巾，肩背帶使用不同的圖案和顏色，使整體表情更加豐富。

no.48

第62頁48
手巾肩背包

材料（3件共用）

表布（33cm寬90cm的日本手巾）1片
2.5cm寬的帶子136cm
直徑2cm的鈕扣2個

作法

布的裁法

表布

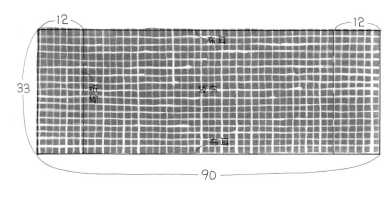

---

1 在摺線處摺疊袋布，並車縫入口側的側邊。

2 在縫份上打牙口。

3 從入口翻回表側。

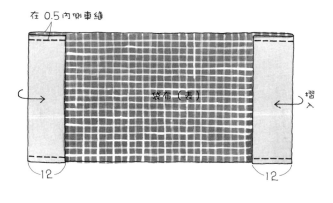

剪開0.5

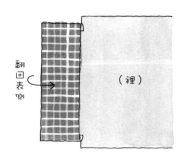

---

4 摺疊底部，車縫側邊。
將側邊和底部中央對齊，車縫襠份。

5 將提把用帶子裁剪成68cm，縫在袋上。
在入口的側邊縫置裝飾用鈕扣。

完成

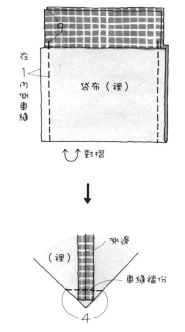

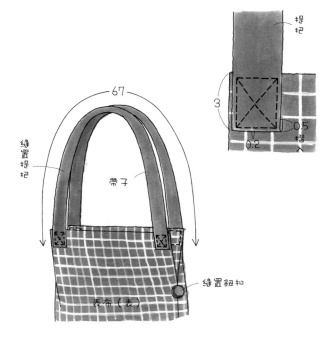

直裁小作品的縫紉基礎

除了在布上直接畫線再裁剪外,其餘和一般的縫紉法相同。在此說明基本流程。

1 畫裁剪線

麻布等容易縮水的布要先洗過晾乾,再用熨斗全面燙平。之後才可用尺在布的裡側畫線。

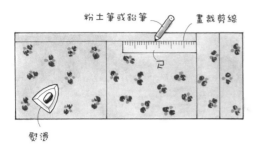

粉土筆或鉛筆　畫裁剪線

熨燙

2 畫車縫線

■　在步驟1的裁剪線內側畫車縫線。若熟悉後即可不畫車縫線,利用縫紉機的導引器車縫也OK。

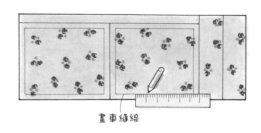

畫車縫線

3 從裁剪線裁剪

用剪布剪刀在裁剪線上裁剪。

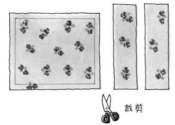

裁剪

4 黏貼接著芯,重新畫車縫線

需要黏貼接著芯或單膠鋪棉的作品,要先用熨斗熨燙貼好後,重新畫車縫線。鋪棉不易使用粉土筆做記號,請改用較細的原子筆等。

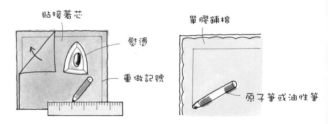

貼接著芯　熨燙　重做記號　單膠鋪棉　原子筆或油性筆

5 用珠針固定

將需要縫合的布相疊,用珠針朝外側刺入固定。順序是先固定兩端,接著中央。

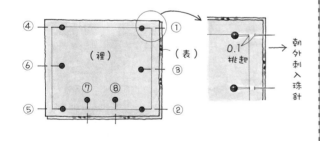

④①②③⑤⑦⑧⑥（裡）（表）　0.1 挑起　朝外刺入珠針

疏縫的情形

要先疏縫才正式車縫時,是在車縫線記號外側的0.2cm處進行。

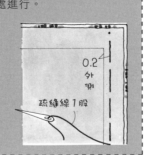

0.2 外側　疏縫線1股

6 用縫紉機車縫

邊拔除珠針邊車縫。

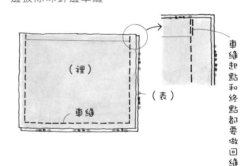

（裡）（表）　車縫　車縫起點和終點都要做回縫

7 打開縫份

用熨斗打開縫份。翻回表側,用錐子把轉角整齊拉出。

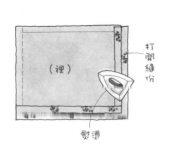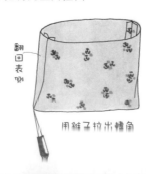

（裡）　打開縫份　熨燙　翻回表側　用錐子拉出轉角

8 最後修飾

用熨斗整燙整個作品做最後修飾。

在車縫線上熨燙做最後修飾